VIEWEG
Gegr. 1786

Der nachstehende, unwesentlich gekürzte Vortrag spiegelt die Breite der wissenschaftlichen Arbeit wieder, mit der sich

Hermann von Helmholtz

dieser bedeutende Physiologe und Physiker beschäftigte; zugleich zeigt er den Stand der naturwissenschaftlich-medizinischen Forschung vor annähernd 100 Jahren auf.

Es dürfte reizvoll sein, anhand dieses Vortrages zu überdenken, welchen Weg die Wissenschaft seitdem gegangen ist.

Wir verbinden mit der Übersendung dieser kleinen Schrift an die Autoren und Freunde unseres Verlages die besten Wünsche für ein gesundes und erfolgreiches neues Jahr.

Friedr. Vieweg & Sohn

Im Dezember 1964

HERMANN von HELMHOLTZ

Ueber das Ziel und die Fortschritte der Naturwissenschaft

Eröffnungsrede
für die Naturforscherversammlung zu Innsbruck
1869

BRAUNSCHWEIG

DRUCK UND VERLAG VON FRIEDRICH VIEWEG UND SOHN

ISBN 978-3-663-03080-5   ISBN 978-3-663-04269-3 (eBook)

DOI 10.1007/978-3-663-04269-3

Dem Uneingeweihten ist diese Wissenschaft eine Zusammen-
häufung einer unübersehbaren und verwirrenden Menge von Einzelheiten, unter denen sich einige durch praktische Nützlichkeit
hervorheben, andere als Curiosa, als Gegenstände des Erstaunens.
Aber in diesem Zustande unzusammenhängender Einzelheiten,
selbst, wenn es etwa durch eine systematische Ordnung, wie in
dem Linné'schen Pflanzensystem oder in lexikalischen Encyclo-
pädien, leicht gemacht wäre, eine jede derselben schnell nach
Bedürfniss wiederzufinden, würde solches Wissen nicht den Namen
der Wissenschaft verdienen, und weder dem wissenschaftlichen
Bedürfnisse des menschlichen Geistes, noch dem Verlangen nach
fortschreitender Herrschaft des Menschen über die Naturmächte
Genüge thun. Denn das erstere fordert geistig fassbaren Zusammenhang der Kenntnisse; das zweite fordert die Voraussicht
des Erfolges in noch unbekannten Fällen und unter Bedingungen,
die wir durch unsere Handlungen erst herbeizuführen beabsichtigen.
Beides ist offenbar erst durch die Kenntniss des Gesetzes der
Erscheinungen zu erreichen.
Nicht die einzelnen beobachteten Thatsachen und Versuche
an sich haben Werth; und wenn ihre Zahl noch so unermesslich
wäre. Erst dadurch erhalten sie Werth, theoretischen wie praktischen, dass sie uns das Gesetz einer Reihe gleichartig wieder-
kehrender Erscheinungen erkennen lassen, oder vielleicht auch nur
negativ erkennen lassen, dass eine bisher als vollständig betrachtete
Kenntniss eines solchen Gesetzes unvollständig war. Bei der
strengen und allverbreiteten Gesetzlichkeit der Naturerscheinungen
genügt freilich unter Umständen schon eine einzige Beobachtung
eines Verhältnisses, das wir als streng gesetzmässig voraussetzen
dürfen, um darauf mit höchstem Grade von Wahrscheinlichkeit
eine Regel zu begründen; wie wir zum Beispiel die Kenntniss des
Skeletts eines urweltlichen Thieres als vollständig voraussetzen,

wenn wir auch nur ein vollständiges Skelett eines einzelnen Individuums gefunden haben. Aber wir müssen uns nur besinnen, dass auch hier die einzelne Beobachtung nicht als einzelne ihren Werth hat, sondern weil sie zur Kenntniss der gesetzlichen Regelmässigkeit im Körperbau einer ganzen Species von Organismen verhilft. Und ebenso ist die Kenntniss der specifischen Wärme von einem einzigen kleinen Stückchen eines neuen Metalls wichtig, weil wir nicht zu zweifeln brauchen, dass alle anderen ebenso behandelten Stücke desselben Metalls sich ebenso verhalten werden.

Das Gesetz der Erscheinungen finden, heisst sie begreifen. In der That ist das Gesetz der allgemeine Begriff, unter den sich eine Reihe von gleichartig ablaufenden Naturvorgängen zusammenfassen lassen. Wie wir in dem Begriff „Säugethier" alles zusammenfassen, was dem Menschen, dem Affen, dem Hunde, dem Löwen, dem Hasen, dem Pferde, dem Walfische u. s. w. gemeinsam ist, so fassen wir im Brechungsgesetz zusammen, was wir regelmässig wiederkehrend finden, wenn irgend ein Lichtstrahl von irgend einer Farbe in irgend einer Richtung durch die gemeinsame Grenzfläche irgend zweier durchsichtiger Medien dringt.

Ein Naturgesetz ist aber nicht bloss ein logischer Begriff, den wir uns zurecht gemacht haben als eine Art mnemotechnischen Hilfsmittels, um die Thatsachen besser zu behalten. Auch sind wir modernen Menschen jetzt so weit in der Einsicht vorgeschritten, um zu begreifen, dass die Naturgesetze nicht etwas sind, was wir uns auf speculativem Wege vielleicht ausdenken könnten. Wir müssen sie vielmehr in den Thatsachen entdecken; wir müssen sie in immer wiederholten Beobachtungen oder Versuchen, an immer neuen Einzelfällen, unter immer wieder veränderten Umständen prüfen, und nur in dem Maasse, als sie unter einem immer grösseren Wechsel der Bedingungen und in einer immer grösseren Zahl von Fällen und bei immer genaueren Beobachtungsmitteln ausnahmslos sich bewähren, steigt unser Vertrauen in ihre Zuverlässigkeit.

So treten uns die Naturgesetze gegenüber als eine fremde Macht, nicht willkürlich zu wählen und zu bestimmen in unserem Denken, wie man etwa verschiedene Systeme der Thiere und Pflanzen hinter einander aufstellen konnte, so lange man bloss den mnemotechnischen Zweck verfolgte, ihre Namen gut zu behalten. Wo wir ein Naturgesetz vollständig kennen, müssen wir auch Ausnahmslosigkeit seiner Geltung fordern und diese zum Kennzeichen seiner Richtigkeit machen. Wenn wir uns vergewissern

können, dass die Bedingungen eingetreten sind, unter denen das
Gesetz zu wirken hat, so müssen wir auch den Erfolg eintreten
sehen ohne Willkür, ohne Wahl, ohne unser Zuthun, mit einer
die Dinge der Aussenwelt ebenso gut, wie unser Wahrnehmen,
zwingenden Nothwendigkeit. So tritt uns das Gesetz als eine
objective Macht entgegen, und demgemäss nennen wir es Kraft.

Wir objectiviren zum Beispiel das Gesetz der Lichtbrechung
als eine Lichtbrechungskraft der durchsichtigen Substanzen, das
Gesetz der chemischen Wahlverwandtschaften als eine Verwandtschaftskraft der verschiedenen Stoffe zu einander. So sprechen
wir von einer elektrischen Contactkraft der Metalle, von einer Ad-
häsionskraft, Capillarkraft und anderen mehr. In diesen Namen
sind Gesetze objectivirt, welche zunächst erst kleinere Reihen von
Naturvorgängen umfassen, deren Bedingungen noch ziemlich ver-
wickelt sind. Mit solchen musste die Begriffsbildung in den Naturwissenschaften anfangen, bis man von einer Anzahl wohlbekannter
speciellerer Gesetze zu allgemeineren fortschreiten konnte. Man
musste hierbei namentlich die Zufälligkeiten der Form und der
räumlichen Vertheilung, welche die mitwirkenden Massen darbieten
konnten, zu beseitigen suchen, indem man aus den an grossen
sichtbaren Massen beobachteten Erscheinungen die Gesetze für
die Wirkungen der verschwindend kleinen Massentheilchen heraus-
zulesen suchte; das heisst, objectiv ausgedrückt, indem man die
Kräfte der zusammengesetzten Massen auflöste in die Kräfte ihrer
kleinsten Elementartheile. Aber gerade in der so gewonnenen
reinsten Form des Ausdrucks der Kraft, dem der mechanischen
Kraft, die auf einen Massenpunkt wirkt, tritt es besonders deutlich
heraus, dass die Kraft nur das objectivirte Gesetz der Wirkung ist.
Die durch die Anwesenheit solcher und solcher Körper gegebene
Kraft wird gleichgesetzt der Beschleunigung der Masse, auf die
sie wirkt, multiplicirt mit dieser Masse. Der thatsächliche Sinn
einer solchen Gleichung ist, dass sie das Gesetz ausspricht: Wenn
solche und solche Massen vorhanden sind und keine anderen, so
tritt solche und solche Beschleunigung ihrer einzelnen Punkte
ein. Diesen thatsächlichen Sinn können wir mit den Thatsachen
vergleichen und an ihnen prüfen. Der abstracte Begriff der
Kraft, den wir einschieben, fügt nur das noch hinzu, dass dieses
Gesetz nicht willkürlich erfunden, sondern dass es ein zwingendes
Gesetz der Erscheinungen sei.

Unsere Forderung, die Naturerscheinungen zu begreifen,
das heisst ihre Gesetze zu finden, nimmt so eine andere Form

des Ausdrucks an, die nämlich, dass wir die Kräfte aufzusuchen haben, welche die Ursachen der Erscheinungen sind. Die Gesetzlichkeit der Natur wird als causaler Zusammenhang aufgefasst, sobald wir die Unabhängigkeit derselben von unserem Denken und unserem Willen anerkennen.

Wenn wir also nach dem Fortschritt der Naturwissenschaft als Ganzem fragen, so werden wir ihn nach dem Maasse zu beurtheilen haben, in welchem die Anerkennung und die Kenntniss eines alle Naturerscheinungen umfassenden ursächlichen Zusammenhanges fortgeschritten ist.

Blicken wir zurück auf die Geschichte unserer Wissenschaften, so ist das erste grosse Beispiel von Unterordnung einer ausgedehnten Mannigfaltigkeit von Thatsachen unter ein umfassendes Gesetz von der theoretischen Mechanik ausgegangen, deren Grundbegriffe Galilei zuerst klar hingestellt hatte. Es handelte sich damals darum, die allgemeinen Sätze zu finden, die uns jetzt so selbstverständlich erscheinen, dass alle Masse träge sei, und dass die Grösse der Kraft nicht durch die Geschwindigkeit, sondern durch deren Veränderung zu messen sei. Zunächst wusste man die Wirkung einer continuirlich wirkenden Kraft sich nur als eine Reihe kleiner Stösse darzustellen. Erst als Leibnitz und Newton mit der Erfindung der Differentialrechnung das alte Dunkel, in welches der Begriff des Unendlichen gehüllt war, zerstreut und den Begriff des Continuirlichen und continuirlich Veränderlichen klargestellt hatten, konnte man zu einer reichen und fruchtbaren Anwendung der neu gefundenen mechanischen Begriffe fortschreiten. Das geeignetste und glänzendste Beispiel einer solchen Anwendung war die Bewegung der Planeten, und ich brauche hier nur daran zu erinnern, welch leuchtendes Vorbild die Astronomie für die Entwickelung aller anderen Naturwissenschaften gewesen ist. In ihr wurde durch die Gravitationstheorie zum ersten Male eine ungeheure und verwickelte Masse von Thatsachen unter ein einziges Princip von grösster Einfachheit zusammengefasst, eine Uebereinstimmung der Theorie und der Thatsachen erreicht, wie sie weder früher noch später in einem anderen Felde je wieder erreicht werden konnte. An den Bedürfnissen der Astronomie haben sich fast alle genaueren Messungsmethoden, sowie die meisten Fortschritte der neueren Mathematik entwickelt; sie war besonders geeignet, auch die Augen der Laien auf sich zu ziehen, theils durch die Erhabenheit ihrer Gegenstände, theils durch den praktischen Nutzen, den sie der Schifffahrt, der

Geodäsie und dadurch einer Menge von industriellen und socialen Interessen brachte.

Galilei begann mit dem Studium der irdischen Schwere; Newton dehnte deren Anwendung, anfangs vorsichtig und zögernd auf den Mond, dann kühner auf alle Planeten aus. Die neuere Zeit hat gelehrt, dass dieselben Gesetze der aller wägbaren Masse gemeinsamen Trägheit und Gravitation ihre Anwendung finden bis hinein in die Bahnen der entferntesten Doppelsterne, von denen das Licht noch zu uns kommt.

In der zweiten Hälfte des vorigen und der ersten Hälfte des laufenden Jahrhunderts reihte sich daran die grosse Entwickelung der Chemie, welche die alte Aufgabe, die Elemente zu finden, woran sich so viele metaphysische Speculationen geknüpft hatten, endlich thatsächlich löste; und wie sich dann immer die Wirklichkeit viel reicher erweist, als die kühnste und phantasiereichste Speculation, so traten nun an die Stelle der vier alten metaphysischen Elemente, Feuer, Wasser, Luft und Erde, die später bis auf die Zahl von 65 vermehrten Elemente der neueren Chemie. Die Wissenschaft hat erwiesen, dass diese Elemente wirklich unzerstörbar sind, unveränderlich in ihrer Masse, unveränderlich auch in ihren Eigenschaften, insofern als sie aus jedem Zustande, in den sie übergeführt worden sind, immer wieder ausgeschieden und auf dieselben Eigenschaften, die sie früher irgend einmal in isolirtem Zustande gehabt haben, zurückgeführt werden können. In allem bunten Wechsel der Erscheinungen der belebten und unbelebten Natur, so weit sie uns zugänglich sind, in allen den überraschenden Resultaten chemischer Zersetzung und Verbindung, deren Anzahl und Mannigfaltigkeit unsere Chemiker mit unermüdlichem Fleisse jedes Jahr in steigendem Maasse vermehren, herrscht das eine Gesetz von der Unveränderlichkeit der Stoffe mit ausnahmsloser Nothwendigkeit. Und schon ist die Chemie mit der Spectralanalyse hinausgedrungen in die Tiefen des unermesslichen Raumes, und hat in dessen fernsten Sonnen und Nebelflecken die Spuren wohlbekannter irdischer Elemente aufgefunden, so dass an der durchgehenden Gleichartigkeit der Stoffe im Weltall nicht zu zweifeln ist, wenn auch immerhin einzelne Elemente auf einzelne Gruppen von Weltkörpern beschränkt sein mögen.

An diese Constanz der Elemente schliesst sich eine andere weiter gehende Folgerung. Die Chemie erwies durch thatsächliche Untersuchung, dass alle Masse aus den von ihr gefundenen Elementen zusammengesetzt ist. Die Elemente können ihre Verbindung und Mischung unter einander, die Art ihrer Aggregation oder ihrer Molecularstructur mannigfach verändern, das heisst sie können die Art ihrer Vertheilung im Raume verändern. Dagegen zeigen sie sich als durchaus unveränderlich in ihren Eigenschaften; das heisst, wenn sie in dieselbe Verbindung, beziehlich Isolirung, und in dieselbe Aggregation zurückgeführt werden, zeigen sie immer wieder dieselben Eigenschaften. Sind aber alle elementaren Substanzen unveränderlich nach ihren Eigenschaften und nur veränderlich nach ihrer Mischung, nach ihrer Aggregation, das heisst nach ihrer Vertheilung im Raume, so ist alle Veränderung in der Welt Aenderung der räumlichen Vertheilung der elementaren Stoffe und kommt in letzter Instanz zu Stande durch Bewegung.

Ist aber Bewegung die Urveränderung, welche allen anderen Veränderungen in der Welt zu Grunde liegt, so sind alle elementaren Kräfte Bewegungskräfte, und das Endziel der Naturwissenschaften ist, die allen anderen Veränderungen zu Grunde liegenden Bewegungen und deren Triebkräfte zu finden, also sich in Mechanik aufzulösen.

Wenn dies nun auch offenbar die letzte Consequenz der nachgewiesenen quantitativen und qualitativen Unveränderlichkeit der Materie ist, so bleibt sie doch zuvörderst nur als eine ideale Forderung stehen, von deren Verwirklichung wir noch weit entfernt sind. Erst in beschränkten Gebieten ist es gelungen, die Rückführung der unmittelbar beobachteten Veränderungen auf Bewegungen und Bewegungskräfte bestimmter Art zu Stande zu bringen. Ausser der Astronomie sind hier die rein mechanischen Theile der Physik, dann die Akustik, Optik, Elektricitätslehre zu nennen; in der Wärmelehre und in der Chemie wird schon eifrig an der Ausbildung bestimmter Vorstellungen über die Form der Bewegungen und Lagerungen der Molekeln gearbeitet, in den physiologischen Wissenschaften sind kaum erst unbestimmte Anfänge davon vorhanden.

Um so wichtiger ist es, dass sich im Laufe des letzten Vierteljahrhunderts ein bedeutender und allgemeingiltiger Fortschritt vollzogen hat, der geradezu auf das bezeichnete Ziel hin gerichtet ist. Wenn alle elementaren Kräfte Bewegungskräfte, alle also gleicher Natur sind, so müssen sie alle nach dem gleichen Maasse, nämlich dem Maasse der mechanischen Kräfte, zu messen sein. Und dass dies der Fall sei, ist in der That schon als erwiesen zu betrachten. Das Gesetz, welches dies ausspricht, ist unter dem Namen des Gesetzes von der Erhaltung der Kraft bekannt.

Für einen beschränkten Kreis von Naturerscheinungen war dasselbe schon von Newton ausgesprochen worden, deutlicher und allgemeiner dann von Bernoulli, von wo ab es in anerkannter Giltigkeit für den grösseren Theil der bekannten rein mechanischen Vorgänge stehen blieb. Einzelne Erweiterungen tauchten gelegentlich auf, namentlich bei Rumford, Humphrey Davy, Montgolfier. Aber als der, welcher zuerst den Begriff dieses Gesetzes rein und klar erfasst und seine absolute Allgemeingiltigkeit auszusprechen gewagt hat, ist derjenige zu nennen, den wir nachher von dieser Stelle zu hören die Freude haben werden, Dr. Robert Mayer von Heilbronn. Während Herr Mayer durch physiologische Fragen zu der Entdeckung der allgemeinsten Form dieses Gesetzes geleitet wurde, waren es technische Fragen des Maschinenbaues, die gleichzeitig und unabhängig von ihm Herrn Joule in Manchester zu denselben Ueberlegungen führten, und letzterem verdanken wir namentlich die wichtigen und mühsamen Experimentaluntersuchungen über dasjenige Gebiet, in welchem die Giltigkeit des Gesetzes von der Erhaltung der Kraft am zweifelhaftesten erscheinen konnte, und wo die wichtigsten Lücken unserer thatsächlichen Kenntnisse bestanden, nämlich die Erzeugung von Arbeit durch Wärme und von Wärme durch Arbeit.

Um das Gesetz klar hinzustellen, musste im Gegensatze zu dem früher von Galilei gefundenen Begriffe der Intensität der Kraft ein neuer mechanischer Begriff ausgearbeitet werden, den wir als den Begriff der Quantität der Kraft bezeichnen können, und der auch sonst Quantität der Arbeit oder der Energie genannt worden ist.

Dieser Begriff der Quantität der Kraft war vorbereitet worden theils in der theoretischen Mechanik durch den Begriff des Quantums lebendiger Kraft einer bewegten Masse, theils in der praktischen Mechanik durch den Begriff der Triebkraft, die nöthig ist, um eine Maschine in Gang zu halten. Auch hatten die Maschinentechniker schon das Maass gefunden, nach welchem eine jede Triebkraft zu messen ist, indem sie bestimmten, wie viel Pfunde dadurch in der Secunde um einen Fuss gehoben werden können; so wird bekanntlich eine Pferdekraft definirt gleich der zur Hebung von 70 Kilogramm um ein Meter für jede Secunde nöthigen Triebkraft.

In der That tritt an den Maschinen und den zu ihren Bewegungen nöthigen Triebkräften die durch das Gesetz von der Erhaltung der Kraft ausgesprochene Gleichartigkeit aller Naturkräfte in der am meisten populären Form heraus. Jede Maschine, welche in Thätigkeit gesetzt werden soll, bedarf einer mechanischen Triebkraft. Wo diese hergenommen wird und welche Form sie hat, ist einerlei, wenn sie nur gross genug ist und anhaltend wirkt. Bald brauchen wir eine Dampfmaschine, bald ein Wasserrad oder eine Turbine, bald Pferde oder Ochsen an einem Göpelwerk, bald eine Windmühle oder, wenn nicht viel Kraft nöthig ist, den menschlichen Arm, ein aufgezogenes Gewicht oder eine elektro-magnetische Maschine. Welche von diesen Triebkräften wir wählen, ist nur abhängig von der Grösse der Kraft, die wir brauchen, und von der Gunst der Gelegenheit. In der Wassermühle wirkt die Schwere des von den Bergen herabfliessenden Wassers; hinaufgeschafft auf die Berge wird es durch die meteorologischen Prozesse, diese sind die Quelle der Triebkraft für die Mühle. In der Windmühle ist es die lebendige Kraft der bewegten Luft, welche die Flügel umtreibt; auch diese Bewegung stammt aus den meteorologischen Prozessen der Atmosphäre. In der Dampfmaschine ist es die Spannkraft der erhitzten Dämpfe, welche den Stempel hin- und herschiebt; diese wird hervorgerufen durch die Wärme, die im Feuerraume durch Verbrennung der Kohlen, das heisst durch einen chemischen Prozess, erzeugt wird. Letzterer ist hier die Quelle der Triebkraft. Ist es ein Pferd oder der menschliche Arm, welche arbeiten, so sind es deren Muskeln, welche, angeregt durch die Nerven, unmittelbar die mechanische Kraft erzeugen. Damit aber der lebende Körper Muskelkraft erzeugen könne, muss er genährt werden und athmen. Die Nahrungsmittel, die er einnimmt, scheiden wieder aus ihm aus, nachdem sie sich mit dem Sauerstoff der geathmeten Luft zu Kohlensäure und Wasser verbunden haben. Wiederum ist also auch hier ein chemischer Prozess nöthig, um dauernd die Muskelkraft zu unterhalten. Dasselbe gilt für die elektro-magnetischen Maschinen unserer Telegraphen.

So gewinnen wir mechanische Triebkraft aus den allerverschiedenartigsten Naturprozessen in der verschiedenartigsten Weise, aber, wie wir gleich dabei bemerken müssen, auch immer nur in begrenzter Quantität. Wir verbrauchen immer etwas dabei, was uns die Natur liefert. Wir verbrauchen in der Wassermühle eine Quantität in der Höhe angesammelten Wassers, wir

verbrauchen Kohlen in der Dampfmaschine, Zink und Schwefel-
säure in der elektro-magnetischen Maschine, Nahrungsmittel für
das arbeitende Pferd; wir verbrauchen in der Windmühle die
Bewegung des Windes, welche an deren Flügeln gehemmt wird.

Umgekehrt, steht uns eine Triebkraft zur Verfügung, so können
wir die verschiedenartigsten Wirkungen damit erreichen. Ich
brauche hier die zahllose Mannigfaltigkeit industrieller Maschinen
und die verschiedenartige Arbeit, die sie leisten, nicht aufzu-
zählen.

Achten wir vielmehr auf die physikalischen Unterschiede der
möglichen Leistungen einer Triebkraft. Wir können mit ihrer
Hilfe Lasten heben, Wasser in die Höhe pumpen, Gase ver-
dichten, Eisenbahnzüge in Bewegung setzen, durch Reibung
Wärme erzeugen. Wir können durch sie magnet-elektrische
Maschinen drehen, dadurch elektrische Ströme erzeugen, und mit
deren Hilfe Wasser oder andere chemische Verbindungen von
stärkster Verwandtschaft zersetzen, Drähte glühend machen, Eisen
magnetisiren u. s. w.

So können wir, wenn uns eine ausreichende mechanische Triebkraft zu Gebote steht, alle diejenigen Zustände und Bedingungen
wieder restituiren, von denen ausgehend wir nach der zuerst
gegebenen Aufzählung mechanische Triebkraft gewinnen konnten.

Wie aber die aus einem bestimmten Naturprozess zu ge-
winnende Triebkraft eine begrenzte ist, so ist auch andererseits
der Betrag der Veränderungen begrenzt, die wir durch Aufwendung
einer bestimmten Triebkraft hervorbringen können.

Diese Erfahrungen, die zunächst vereinzelt an Maschinen und
physikalischen Apparaten gemacht waren, haben sich nun ver-
einigen lassen in ein Naturgesetz von weitreichendster Giltigkeit.
Jede Veränderung in der Natur ist äquivalent einer gewissen
Erzeugung oder einem gewissen Verbrauch an Triebkraft. Wird
Triebkraft erzeugt, so kann sie entweder als solche zur Erscheinung
kommen, oder unmittelbar wieder verbraucht werden, um andere
Veränderungen von äquivalenter Grösse hervorzubringen. Die
hauptsächlichsten Bestimmungen dieser Aequivalenz beruhen auf
Joule's Messungen des mechanischen Wärmeäquivalents. Wenn
wir eine Dampfmaschine durch zugeleitete Wärme in Bewegung
setzen, so verschwindet in ihr Wärme proportional der geleisteten
Arbeit; und zwar ist die Wärme, welche ein bestimmtes Gewicht
Wasser um einen Grad der hunderttheiligen Scala erwärmen kann,
fähig, in Arbeit verwandelt, dasselbe Gewicht Wasser zur Höhe

von 425 Meter zu heben. Und wenn wir Arbeit durch Reibung in Wärme verwandeln, brauchen wir wiederum, um ein bestimmtes Gewicht Wasser um einen Centesimalgrad zu erwärmen, die Triebkraft, welche dasselbe Gewicht Wasser gegeben haben würde, wenn es von 425 Meter Höhe herabgeflossen wäre. Die chemischen Prozesse erzeugen Wärme in bestimmtem Verhältniss; dadurch ist auch die solchen chemischen Kräften äquivalente Triebkraft bestimmt, und somit auch die Energie der chemischen Verwandtschaftskraft nach mechanischem Maasse messbar. Dasselbe gilt für alle anderen Formen der Naturkräfte, was hier nicht weiter ausgeführt zu werden braucht.

So stellt sich denn als Ergebniss der betreffenden Untersuchungen heraus, dass alle Naturkräfte nach demselben mechanischen Maasse messbar, und dass alle in Bezug auf Arbeitsleistung reinen Bewegungskräften äquivalent sind. Dadurch ist zunächst ein erster und bedeutender Fortschritt vollführt zu der Lösung der umfassenden theoretischen Aufgabe, alle Naturerscheinungen auf Bewegungen zurückzuführen.

Während die bisher angestellten Ueberlegungen mehr den logischen Werth des Gesetzes von der Erhaltung der Kraft klarzustellen suchen sollten, spricht sich seine factische Bedeutung für die allgemeine Auffassung der Naturprozesse in dem grossartigen Zusammenhange aus, den es zwischen sämmtlichen Vorgängen des Weltalls über alle Entfernungen in Raum und Zeit hinaus eröffnet. Das Weltall erscheint, nach diesem Gesetze, ausgestattet mit einem Vorrathe an Energie, der durch allen bunten Wechsel der Naturprozesse nicht vermehrt, aber auch nicht vermindert werden kann; der da fortbesteht in stets wechselnder Erscheinungsweise, aber, wie die Materie, von Ewigkeit zu Ewigkeit in unveränderlicher Grösse; wirkend im Raume, aber nicht, wie die Materie, theilbar mit dem Raume. Alle Veränderung in der Welt besteht nur in einem Wechsel der Erscheinungsform dieses Vorraths von Energie. Hier erscheint ein Theil desselben als lebendige Kraft bewegter Massen, dort als regelmässige Oscillation in Licht und Schall, dann wieder als Wärme, das heisst als unregelmässige Bewegung der unsichtbar kleinen Körpertheilchen; bald erscheint die Energie in Form der Schwere zweier gegen einander gravitirenden Massen, bald als innere Spannung und Druck elastischer Körper, bald als chemische Anziehung, elektrische Ladung oder magnetische Vertheilung. Schwindet sie in einer Form, so erscheint sie sicher in einer anderen; und wo sie in neuer Form erscheint, sind wir auch sicher, dass eine ihrer anderen Erscheinungsformen verbraucht ist.

Das von Clausius berichtigte Carnot'sche Gesetz der mechanischen Wärmetheorie lässt uns sogar erkennen, dass dieser Wechsel im Allgemeinen fortdauernd in einer bestimmten Richtung fortschreitet, indem immer mehr von dem grossen Vorrathe der Energie des Weltalls in die Form von Wärme übergehen muss.

So können wir im Geiste zurückgehen auf den Anfangszustand, wo die Masse unserer Weltkörper noch kalt, wahrscheinlich als chaotischer Dampf oder Staub im Weltraum vertheilt war. Wir sehen, dass sie sich erwärmen musste, wenn sie sich unter dem Einflusse der Schwerkraft zusammenballte. Auch jetzt noch erkennen wir Reste der lose vertheilten Materie mittelst der Spectralanalyse (einer Methode, deren theoretische Principien selbst aus der mechanischen Wärmetheorie herfliessen) in den Nebelflecken, wir erkennen sie in den Meteorschwärmen und Kometen; der Ballungsprozess und die Wärmeentwickelung gehen noch immer fort, wenn sie auch in unserem Theile des Weltraums grösstentheils vollendet sind. Der grösste Theil der ehemaligen Energie der Masse, welche jetzt unserem Sonnensystem angehört, besteht gegenwärtig als Wärme der Sonne. Aber diese Energie bleibt nicht ewig unserem Systeme erhalten; fortdauernd strahlen Theile von ihr hinaus als Licht und Wärme in die unendlichen Weltenräume. Bei diesem Hinausstrahlen empfängt auch unsere Erde ihren Antheil. Die einstrahlende Sonnenwärme aber ist es, welche an der Erdfläche die Winde und die Meeresströme erzeugt, die die Wasserdämpfe aus den tropischen Meeren aufsteigen und herüber auf Gebirge und Länder destilliren lässt, wonach sie wieder als Quellen und Ströme zum Meere zurückfliessen. Die Sonnenstrahlen geben den Pflanzen die Kraft, aus der Kohlensäure und dem Wasser wieder verbrennliche Stoffe abzuscheiden, welche den Thieren als Nahrung dienen, und so ist auch in dem bunten Wechsel des organischen Lebens die treibende Kraft nur aus dem ewigen grossen Vorrathe des Weltalls herzuleiten.

Dies erhabene Bild des Zusammenhangs aller Naturvorgänge ist in neuerer Zeit oft ausgemalt worden; ich brauche hier nur an seine grossen Züge zu erinnern. Wenn die Aufgabe der Naturwissenschaften darin besteht, die Gesetze zu finden, so ist hier in der That ein Schritt nach vorwärts von umfassendster Bedeutung geschehen.

Die eben erwähnte Anwendung des Gesetzes von der Erhaltung der Kraft auf die Vorgänge in Thieren und Pflanzen führt uns zu einer anderen Richtung hinüber, in welcher die Erkenntniss der Gesetzmässigkeit der Natur Fortschritte gemacht hat. Das genannte Gesetz ist nämlich auch in den principiellen Fragen der Physiologie von der eingreifendsten Bedeutung; und eben deshalb wurden Robert Mayer und ich selbst gerade von Seite der Physiologie her zu den auf die Erhaltung der Kraft bezüglichen Untersuchungen geführt.

Den Erscheinungen der unorganischen Natur gegenüber bestand, die Grundsätze der Methode betreffend, schon längst kein Zweifel mehr. Es war klar, dass feste Gesetze der Erscheinungen zu suchen waren, und es gab Beispiele genug, dass solche Gesetze sich finden liessen.

Der grösseren Verwickelung der Lebensvorgänge, ihrer Verbindung mit den Seelenthätigkeiten und der unverkennbaren Zweckmässigkeit der organischen Bildungen gegenüber konnte indessen selbst die Existenz einer festen Gesetzmässigkeit zweifelhaft erscheinen, und in der That hat die Physiologie von jeher mit der Principienfrage gekämpft: Sind alle Lebensvorgänge absolut gesetzmässig? oder giebt es irgend einen kleineren oder grösseren Umkreis derselben, innerhalb dessen Freiheit herrscht? Mehr oder weniger durch Worte verdeckt war und ist, namentlich ausserhalb Deutschlands, noch jetzt die Ansicht von Paracelsus, Helmont und Stahl verbreitet, dass eine „Lebensseele“, die mehr oder weniger ähnlich begabt sei, wie die bewusste Seele des Menschen, die organischen Vorgänge regiere. Zwar wurde der Einfluss der unorganischen Naturkräfte auch in den Organismen anerkannt, indem man annahm, dass die Lebensseele Macht über die Materie nur mittelst der physikalischen und chemischen Kräfte der Materie selbst habe, und also ohne deren Hülfe nichts ausführen könne, dass ihr aber die Fähigkeit zukomme, die Wirksamkeit dieser Kräfte zu binden und zu lösen, je nachdem es ihr gut scheine.

Nach dem Tode, nicht mehr gebunden durch den Einfluss der Lebensseele oder Lebenskraft, seien es gerade die chemischen Kräfte der organischen Masse, welche die Fäulniss herbeiführten. Uebrigens blieb die Fähigkeit, den Körper planmässig aufzubauen und sich zweckmässig den äusseren Umständen zu accommodiren, bei allem Wechsel der Ausdrucksweise, mochte man nun von dem Archäus, oder von der Anima inscia, oder von der Lebens-

kraft und Naturheilkraft sprechen, das wesentlichste Attribut
dieses hypothetischen regierenden Princips der vitalistischen
Theorie, für welches deshalb seinen Attributen nach auch nur
der Name einer „Seele" wirklich passte.

Es ist aber klar, dass die genannte Vorstellung dem Gesetze
von der Erhaltung der Kraft direct widerspricht. Könnte die
Lebenskraft die Schwere eines Gewichtes zeitweilig aufheben, so
würde dasselbe ohne Arbeit zu beliebiger Höhe geschafft werden
können, und später, wenn die Wirkung seiner Schwere wieder
freigegeben wäre, beliebig grosse Arbeit zu leisten vermögen. So
wäre Arbeit ohne Gegenleistung aus Nichts zu schaffen. Könnte
die Lebenskraft zeitweilig die chemische Anziehung des Kohlen-
stoffs zum Sauerstoff aufheben, so würde Kohlensäure ohne Arbeits-
aufwand zu zerlegen sein, und der freigewordene Kohlenstoff und
Sauerstoff würde wieder neue Arbeit leisten können.

In der That finden wir aber keine Spur davon, dass die
lebenden Organismen irgend welches Quantum Arbeit ohne ent-
sprechenden Verbrauch erzeugen könnten. Wenn wir nur auf
die Arbeitsleistung Rücksicht nehmen, so sind die Leistungen
der Thiere denen der Dampfmaschinen durchaus ähnlich. Die
Thiere, wie die Maschinen, können sich bewegen und arbeiten,
nur wenn sie fortdauernd Brennmaterial, nämlich Nahrungsmittel, und sauerstoffhaltige Luft zugeführt erhalten; beide geben
die aufgenommenen Stoffe in verbranntem Zustande wieder aus,
und beide erzeugen dabei Wärme und Arbeit. Die bisherigen
Untersuchungen über das Quantum der Wärme, welche ein
ruhendes Thier erzeugt, widersprechen auch durchaus nicht der
Annahme, dass diese Wärme genau gleich ist dem Arbeits-
äquivalent der in Thätigkeit gesetzten chemischen Verwandt-
schaftskräfte.

Für die Leistungen der Pflanzen ist in den Sonnenstrahlen
eine jedenfalls genügende Kraftquelle vorhanden, deren sie be-
dürfen, um das organische Material ihres Körpers zu vermehren.
Indessen sind allerdings für sie sowohl, wie für die Thiere, genaue
quantitative Untersuchungen der verbrauchten und erzeugten
Kraftäquivalente noch erst auszuführen, um die strenge Uebereinstimmung beider Grössen thatsächlich zu constatiren.

Ist aber das Gesetz von der Erhaltung der Kraft auch für
die lebenden Wesen giltig, so folgt daraus, dass die physikalischen
und chemischen Kräfte der zum Aufbau ihres Körpers verwendeten
Stoffe ohne Unterbrechung und ohne Willkür fortdauernd thätig

sind, und dass ihre strenge Gesetzlichkeit in keinem Augenblicke durchbrochen wird.

Die Physiologie musste sich also entschliessen, mit einer unbedingten Gesetzlichkeit der Naturkräfte auch in der Erforschung der Lebensvorgänge zu rechnen; sie musste Ernst machen mit der Verfolgung der physikalischen und chemischen Prozesse, die innerhalb der Organismen vor sich gehen. Es ist dies eine ungeheuer verwickelte und weitläufige Arbeit; aber es ist, namentlich in Deutschland, eine grosse Anzahl rüstiger Arbeiter am Werke, und schon können wir sagen, dass der Lohn nicht ausgeblieben ist, und dass das Verständniss der Lebenserscheinungen in den letzten vierzig Jahren grössere Fortschritte gemacht hat, als vorher in zwei Jahrtausenden.

Eine nicht hoch genug zu schätzende Unterstützung für diese Klärung der Grundprincipien der Lehre vom Leben kam von der Seite der beschreibenden Naturwissenschaften durch Darwin's Theorie von der Fortbildung der organischen Formen, indem durch sie die Möglichkeit einer ganz neuen Deutung der organischen Zweckmässigkeit gegeben wurde.

Die in der That wunderbare und vor der wachsenden Wissenschaft immer reicher sich entfaltende Zweckmässigkeit im Aufbau und den Verrichtungen der lebenden Wesen war wohl das Hauptmotiv gewesen, welches zur Vergleichung der Lebensvorgänge mit den Handlungen eines seelenartig wirkenden Princips herausforderte. Wir kennen in der ganzen uns umgebenden Welt nur eine einzige Reihe von Erscheinungen, die einen ähnlichen Charakter zeigen, das sind die Werke und Handlungen eines intelligenten Menschen; und wir müssen anerkennen, dass in unendlich vielen Fällen die organische Zweckmässigkeit den Fähigkeiten der menschlichen Intelligenz so ausserordentlich überlegen erscheint, dass man ihr eher einen höheren als einen niederen Charakter zuzuschreiben geneigt sein möchte.

Man wusste daher vor Darwin nur zwei Erklärungen der organischen Zweckmässigkeit zu geben, welche aber beide auf Eingriffe freier Intelligenz in den Ablauf der Naturprozesse zurückführten. Entweder betrachtete man der vitalistischen Theorie gemäss die Lebensprozesse als fortdauernd geleitet durch eine Lebensseele, oder aber man griff für jede lebende Species auf einen Act übernatürlicher Intelligenz zurück, durch die sie entstanden sein sollte. Die letztere Ansicht nahm zwar seltenere Durchbrechungen des gesetzlichen Zusammenhanges der Natur-

erscheinungen an, und erlaubte die gegenwärtig zu beobachtenden
Vorgänge in den jetzt bestehenden Arten lebender Wesen streng
wissenschaftlich zu behandeln. Aber auch sie wusste jene Durchbrechungen nicht vollständig zu beseitigen, und erfreute sich
deshalb kaum einer erheblichen Gunst der vitalistischen Ansicht
gegenüber, welche gleichsam durch den Augenschein, das heisst
durch das natürliche Streben hinter ähnlichen Erscheinungen
auch ähnliche Ursachen zu suchen, mächtig gestützt wurde.

Darwin's Theorie enthält einen wesentlich neuen schöpferi-
schen Gedanken. Sie zeigt, wie Zweckmässigkeit der Bildung in
den Organismen auch ohne alle Einmischung von Intelligenz durch
das blinde Walten eines Naturgesetzes entstehen kann. Es ist
dies das Gesetz der Forterbung der individuellen Eigenthümlichkeiten von den Eltern auf die Nachkommen; ein Gesetz, das längst
bekannt und anerkannt war, und nur eine bestimmtere Abgrenzung
zu erhalten brauchte. Wenn beide Eltern gemeinsame individuelle
Eigenthümlichkeiten haben, so nimmt auch die Majorität ihrer
Nachkommen an denselben Theil, und wenn auch einige unter
diesen vorkommen, die eine Verminderung der genannten Eigenthümlichkeiten zeigen, so finden sich dagegen unter einer grösseren
Anzahl von Nachkommen regelmässig auch andere, die eine Steigerung derselben Eigenschaften zeigen. Werden nun vorzugsweise die
letzteren zur Erzeugung neuer Nachzucht benutzt, so kann eine
immer weiter und weiter gehende Steigerung solcher Eigenthümlichkeiten erzielt und vererbt werden. Dies ist in der That das
Verfahren, welches Thierzüchter und Gärtner anwenden, um mit
grosser Sicherheit neue Racen und Varietäten von sehr merklich
abweichenden Eigenschaften zu erziehen. Die Erfahrungen der
künstlichen Züchtung sind wissenschaftlich als eine Bestätigung
des angeführten Gesetzes durch das Experiment zu betrachten,
und zwar ist dieses Experiment mit Arten aus allen Klassen der
organischen Reiche, in einer ungeheuren Anzahl von Fällen und
in Beziehung auf die verschiedensten Organe des Körpers schon
geglückt, und wird fortdauernd tausendfältig wiederholt.

Nachdem auf diese Weise die allgemeine Wirksamkeit des
Erblichkeitsgesetzes festgestellt war, handelte es sich für Darwin
nur noch darum, zu discutiren, welche Folgen dasselbe Gesetz für
die wild lebenden Thiere und Pflanzen haben müsse. Das be-
kannte Ergebniss ist, dass diejenigen Individuen, welche im
Kampfe um das Dasein sich durch irgend welche vortheilhafte
Eigenschaften auszeichnen, auch am meisten Wahrscheinlichkeit

haben, Nachkommenschaft zu erzeugen, und dieser ihre vortheilhaften Eigenschaften zu vererben. Dadurch ist also eine allmählich von Generation zu Generation sich vervollkommnende Anpassung jeder Art lebender Wesen an die Umstände bedingt, unter denen sie zu leben haben, bis ihr Typus so weit ausgebildet ist, dass jede erhebliche Abweichung von ihm unvortheilhaft wird. Dann wird der Typus fest für so lange Zeit, als die äusseren Bedingungen seiner Existenz im Wesentlichen unverändert bleiben. Einen solchen nahehin festen Zustand scheinen die jetzt lebenden Geschöpfe erreicht zu haben; daher, für die Zeiten der Menschengeschichte wenigstens, vorwiegend die Constanz der Species beobachtet wird.

Noch besteht um die Wahrheit oder Wahrscheinlichkeit von Darwin's Theorie lebhafter Streit; er dreht sich aber doch eigentlich nur um die Grenzen, welche wir für die Veränderlichkeit der Arten annehmen dürfen. Dass innerhalb derselben Species erbliche Racenverschiedenheiten auf die von Darwin beschriebene Weise zu Stande kommen können, ja dass viele der bisher als verschiedene Species derselben Gattung betrachteten Formen von derselben Urform abstammen, werden auch seine Gegner kaum leugnen. Ob wir uns aber hierauf beschränken müssen, oder ob wir vielleicht alle Säugethiere von einem ersten Beutelthier, oder auch weiter alle Wirbelthiere von einem ersten Lancettfischchen, oder gar alle Thiere und Pflanzen zusammengenommen aus dem schleimigen Protoplasma eines Eozoon ableiten dürfen, darüber entscheiden im Augenblicke allerdings mehr die Neigungen der einzelnen Forscher, als die Thatsachen. Doch häufen sich schon immer mehr die Bindeglieder zwischen den Classen von scheinbar unvereinbarem Typus, schon sind in regelmässig gelagerten geologischen Schichten wirklich nachweisbare Uebergänge sehr verschiedener Formen in einander gefunden worden, und es wächst unverkennbar, seitdem man danach sucht, die Zahl der Thatsachen, welche mit Darwin's Theorie übereinstimmen und ihr im Einzelnen immer speciellere Ausführung geben.

Daneben wollen wir nicht vergessen, welches klare Verständniss Darwin's grosser Gedanke in die bis dahin so mysteriösen Begriffe der natürlichen Verwandtschaft, des natürlichen Systems und der Homologie der Organe bei verschiedenen Thieren gebracht hat; wie die wunderbare Wiederholung der niederen Thierbildungen bei den Embryonen der höheren, die der natürlichen Verwandtschaft folgende Entwickelung der paläontologischen Formen, die eigenthümlichen Verwandtschaftsverhältnisse innerhalb der geographisch beschränkten Faunen und Floren sich aus ihm erklärt haben. Die natürliche Verwandtschaft erschien sonst nur als eine räthselhafte, aber vollkommen grundlose Aehnlichkeit der Formen; jetzt ist sie zur wirklichen Blutsverwandtschaft geworden. Das natürliche System drängte sich zwar der Anschauung als solches auf, aber die Theorie leugnete eigentlich jede reelle Bedeutung desselben; jetzt erhält es die Bedeutung eines wirklichen Stammbaumes der Organismen. Die Thatsachen der paläontologischen und embryologischen Entwickelung, der geographischen Vertheilung waren räthselhafte Wunderlichkeiten, so lange man jede einzelne Species durch einen unabhängigen Schöpfungsact erzeugt glaubte, oder warfen gar ein kaum vortheilhaft zu nennendes Licht auf das seltsam herumtastende Verfahren, welches dem Weltenschöpfer dabei zugemuthet wurde. Darwin hat alle diese vereinzelten Gebiete aus dem Zustande einer Anhäufung räthselhafter Wunderlichkeiten in den Zusammenhang einer grossen Entwickelung erhoben. Er hat an die Stelle einer Art von künstlerischer Anschauung oder Ahnung, wie sie für die Thatsachen der vergleichenden Anatomie und der Morphologie der Pflanzen schon für Goethe als einen der ersten aufgegangen war, bestimmte Begriffe gesetzt.

Damit ist auch die Möglichkeit bestimmter Fragestellung für die weitere Forschung gegeben; ein grosser Gewinn jedenfalls, auch wenn sich herausstellen sollte, dass Darwin's Theorie nicht die ganze Wahrheit umfasst, und dass vielleicht neben den von ihm aufgewiesenen Einflüssen noch andere bei der Umformung der organischen Formen sich geltend gemacht haben sollten.

Während Darwin's Theorie sich ausschliesslich auf die durch die Reihe der geschlechtlichen Zeugungen eintretende allmähliche Umformung der Arten bezieht, ist bekannt, dass auch das einzelne Individuum sich den Bedingungen, unter denen es zu leben hat, bis zu einem gewissen Grade anpasst, oder, wie wir zu sagen pflegen, eingewöhnt; dass also auch noch während des einzelnen Lebens eines Individuums eine gewisse höhere Ausbildung der organischen Zweckmässigkeit gewonnen werden kann. Und gerade in demjenigen Gebiete des organischen Lebens, wo die Zweckmässigkeit seiner Bildungen den höchsten Grad erreicht und die meiste Bewunderung erlangt hat, nämlich im Gebiete der Sinneswahrnehmungen, lehren die neueren Fortschritte der Physiologie, dass diese individuelle Anpassung eine ganz hervorragende Rolle spielt.

Wer hat nicht schon die Treue und Genauigkeit der Nachrichten bewundert, welche unsere Sinne uns von der umgebenden Welt zuführen, vor allen die des in die Ferne dringenden Auges. Diese Nachrichten sind ja die Voraussetzungen für die Entschlüsse, die wir fassen, für die Handlungen, die wir ausführen; und nur wenn unsere Sinne uns richtige Wahrnehmungen zugeführt haben, können wir erwarten, richtig zu handeln, so dass der Erfolg unseren Erwartungen entspricht. Durch diesen Erfolg prüfen wir immer wieder die Treue der Berichte, welche die Sinne uns geben; und millionenfach wiederholte Erfahrung lehrt uns, dass diese Treue sehr gross, fast ausnahmslos ist. Wenigstens sind die Ausnahmen, die sogenannten Sinnestäuschungen, selten, und werden nur durch ganz besondere und ungewöhnliche Bedingungen herbeigeführt.

So oft wir die Hand ausstrecken, um etwas zu ergreifen, oder den Fuss vorsetzen, um auf einen Gegenstand zu treten, müssen wir vorher richtige Gesichtsbilder über die Lage des zu berührenden Gegenstandes, seine Form, seine Entfernung u. s. w. gebildet haben, sonst würden wir fehlgreifen oder fehltreten. Die Sicherheit und Genauigkeit unserer Sinneswahrnehmungen muss mindestens so weit gehen, als die Sicherheit und Genauigkeit, welche unsere Handlungen bei guter Einübung erreichen können; und der Glaube an die Zuverlässigkeit unserer Sinne ist deshalb kein blinder Glaube, sondern ein nach seiner praktischen Richtigkeit durch unzählbare Versuche immer wieder geprüfter und bewährter.

Ist nun diese Uebereinstimmung zwischen den Sinneswahrnehmungen und ihren Objecten, diese Grundlage aller unserer Erkenntnisse, ein vorbereitetes Product der organischen Schöpfungskraft: so hat hier in der That deren zweckmässiges Bilden den Gipfel seiner Vollendung erreicht. Aber gerade hier hat die Untersuchung der wirklichen Thatsachen den Glauben an die vorbestimmte Harmonie der inneren und äusseren Welt auf das Unbarmherzigste in Stücke zerschlagen.

Ich schweige von dem immerhin unerwarteten Ergebnisse der ophthalmometrischen und optischen Untersuchungen, wonach das Auge keineswegs ein vollkommeneres optisches Instrument ist, als ein von Menschenhänden gemachtes, sondern im Gegentheil, ausser den unvermeidlichen Fehlern eines jeden dioptrischen Instrumentes auch solche zeigt, die wir an einem künstlichen

Instrumente bitter tadeln würden; dass auch das Ohr uns die
äusseren Töne keineswegs im Verhältnisse ihrer wirklichen Stärke
zuträgt, sondern sie eigenthümlich zerlegt, verändert und nach
der Verschiedenheit ihrer Höhe in sehr verschiedenem Maasse
verstärkt oder schwächt.

Diese Abweichungen verschwinden gegen diejenigen, welche
wir finden, wenn wir die Qualitäten der Sinnesempfindungen
untersuchen, durch welche uns von den verschiedenen Eigenschaften der äusseren Dinge Kunde gegeben wird. In Bezug auf
letztere können wir geradezu den Beweis führen, dass gar keine
Art und kein Grad von Aehnlichkeit besteht zwischen der Qualität
einer Sinnesempfindung und der Qualität des äusseren Agens,
durch welches sie erregt ist, und welches durch sie abgebildet
wird.

Es war dies der Hauptsache nach schon durch das von
Johannes Müller aufgestellte Gesetz von den specifischen
Sinnesenergien dargelegt worden. Danach kommt jedem Sinnes-
nerven eine eigenthümliche Weise der Empfindung zu; jeder kann
zwar durch eine ganze Anzahl von Erregungsmitteln in Thätigkeit
gebracht werden, aber dasselbe Erregungsmittel kann meist auch
verschiedene Sinnesorgane afficiren, und wie dies auch geschehen
mag, immer entsteht im Sehnerven nur Lichtempfindung, im
Hörnerven nur Tonempfindung, überhaupt in jedem einzelnen
empfindenden Nerven nur eine seiner besonderen specifischen
Energie entsprechende Empfindung. Die allereingreifendsten Unterschiede der Qualitäten der Empfindung, nämlich die zwischen den
Empfindungen verschiedener Sinne, hängen also durchaus nicht
von der Natur des äusseren Erregungsmittels, sondern nur von
der Natur des getroffenen Nervenapparates ab.

Die Tragweite dieses Müller'schen Gesetzes ist durch die
weiteren Forschungen nur vergrössert worden. Es ist höchst wahrscheinlich geworden, dass selbst die Empfindungen verschiedener
Farben und verschiedener Tonhöhen, also auch die qualitativen
Unterschiede der Lichtempfindungen unter einander und der Ton-
empfindungen unter einander, von der Erregung verschiedener
und mit verschiedenen specifischen Energien begabter Faser-
systeme des Sehnerven, beziehlich des Hörnerven abhängen. Die
unendlich viel grössere objective Mannigfaltigkeit der Lichtmischungen wird dadurch in der Empfindung auf eine nur drei-
fache Verschiedenartigkeit, nämlich auf die der Mischungen von
drei Grundfarben, zurückgeführt. Wegen dieser Reducirung der

Unterschiede können sehr verschiedene Lichtmischungen gleich, aussehen. Dabei hat sich gezeigt, dass keinerlei Art von physikalischer Gleichheit der subjectiven Gleichheit verschieden gemischter Lichtmengen von gleicher Farbe entspricht. Es geht aus diesen und ähnlichen Thatsachen die überaus wichtige Folgerung hervor, dass unsere Empfindungen nach ihrer Qualität nur Zeichen für die äusseren Objecte sind, und durchaus nicht Abbilder von irgend welcher Aehnlichkeit. Ein Bild muss in irgend einer Beziehung seinem Objecte gleichartig sein; wie zum Beispiel eine Statue mit dem abgebildeten Menschen gleiche Körperform, ein Gemälde gleiche Farbe und gleiche perspectivische Projection hat. Für ein Zeichen genügt es, dass es zur Erscheinung komme, so oft der zu bezeichnende Vorgang eintritt, ohne dass irgend welche andere Art von Uebereinstimmung, als die Gleichzeitigkeit des Auftretens zwischen ihnen existirt; nur von dieser letzteren Art ist die Correspondenz zwischen unseren Sinnesempfindungen und ihren Objecten. Sie sind Zeichen, welche wir lesen gelernt haben, sie sind eine durch unsere Organisation uns mitgegebene Sprache, in der die Aussendinge zu uns reden; aber diese Sprache müssen wir durch Uebung und Erfahrung verstehen lernen, eben so gut wie unsere Muttersprache.

Und nicht bloss mit den qualitativen Unterschieden der Empfindungen verhält es sich so, sondern auch jedenfalls mit dem grössten und wichtigsten Theil, wenn nicht mit der Gesammtheit der räumlichen Unterschiede in unseren Wahrnehmungen. In dieser Beziehung ist namentlich die neuere Lehre vom binocularen Sehen und die Erfindung des Stereoskops von Wichtigkeit geworden. Was die Empfindung der beiden Augen uns unmittelbar und ohne Vermittelung psychischer Thätigkeiten liefern könnte wären höchstens zwei etwas verschiedene flächenhafte Bilder der Aussenwelt von je zwei Dimensionen, wie sie auf den beiden Netzhäuten liegen; statt dessen finden wir in unserer Anschauung ein räumliches Bild der uns umgebenden Welt von drei Dimensionen vor. Wir erkennen sinnlich eben so gut die Entfernung der nicht allzu entfernten Gegenstände von uns, wie ihr perspectivisches Nebeneinanderstehen, und vergleichen die wahre Grösse zweier verschieden weit entfernter Objecte von ungleicher scheinbarer Grösse viel sicherer mit einander, als die gleiche scheinbare Grösse eines Fingers etwa und des Mondes.

Eine vor allen einzelnen Thatsachen stichhaltende Erklärung

der räumlichen Gesichtswahrnehmungen gelingt es, meines Erachtens, nur zu geben, wenn man mit Lotze annimmt, dass den Empfindungen der räumlich verschieden gelagerten Nervenfasern gewisse Verschiedenheiten, Localzeichen, anhaften, deren Raumbedeutung von uns gelernt wird. Dass eine Kenntniss dieser Bedeutung unter solchen Voraussetzungen und unter Beihilfe der Bewegungen unseres Körpers gewonnen werden kann, und dass dabei gleichzeitig zu lernen ist, wie die Bewegungen richtig ausgeführt werden, um ihren erwarteten Erfolg zu erreichen und dessen Erreichung wahrzunehmen, ist von mehreren Seiten ausgeführt worden.

Auch diejenigen Physiologen, welche möglichst viel von der angeborenen Harmonie der Sinne mit der Aussenwelt retten möchten, geben zu, dass die Erfahrung bei der Deutung der Gesichtsbilder ausserordentlich einflussreich ist, und im Falle des Zweifels meist endgiltig entscheidet. Der Streit bewegt sich gegenwärtig fast nur noch um die Frage, wie breit beim Neugeborenen etwa die Einmischung angeborener Triebe ist, welche die Einübung in das Verständniss der Sinnesempfindungen erleichtern könnten. Nothwendig ist die Annahme solcher Triebe nicht; ja sie erschwert eher die Erklärung der gut beobachteten Phänomene beim Erwachsenen, als dass sie sie erleichtert [1]).

Daraus geht nun hervor, dass diese feine und viel bewunderte Harmonie zwischen unseren Sinneswahrnehmungen und ihren Objecten im Wesentlichen und mit nur zweifelhaften Ausnahmen eine individuell erworbene Anpassung ist, ein Product der Erfahrung, der Einübung, der Erinnerung an die früheren Fälle ähnlicher Art.

Hier schliesst sich der Ring unserer Betrachtungen wieder zusammen und führt zu seinem Ausgangspunkte zurück. Wir sahen im Anfange, dass das, was unsere Wissenschaft zu erstreben hat, die Kenntniss der Gesetze sei, das heisst die Kenntniss, wie zu verschiedenen Zeiten auf gleiche Vorbedingungen gleiche Folgen eintreten. Wir sahen, wie in letzter Instanz alle Gesetze in Gesetze der Bewegung aufgelöst werden müssen. Wir sehen nun hier am Schlusse, dass unsere Sinnesempfindungen nur Zeichen für die Veränderungen in der Aussenwelt sind, und nur in der Darstellung der zeitlichen Folge die Bedeutung von Bildern haben.

---

[1]) Eine weitere Ausführung über diese Verhältnisse findet sich in meinen drei Vorlesungen über die neueren Fortschritte in der Theorie des Sehens (Seite 265 dieses Bandes).

Eben deshalb sind sie aber auch im Stande, die Gesetzmässigkeit in der zeitlichen Folge der Naturphänomene direct abzu-
bilden. Wenn unter gleichen Umständen in der Natur die gleiche
Wirkung eintritt, so wird auch der unter gleichen Umständen
beobachtende Mensch die gleiche Folge von Eindrücken sich
gesetzmässig wiederholen sehen. So genügt, was unsere Sinnesorgane leisten, gerade für die Erfüllung der Aufgabe der Wissenschaft, und genügt auch gerade für die praktischen Zwecke des
handelnden Menschen, der sich auf die theils unwillkürlich durch
die alltägliche Erfahrung, theils absichtlich durch die Wissenschaft erworbene Kenntniss der Naturgesetze stützen muss.

Indem wir hiermit unsere Uebersicht schliessen, dürfen wir
wohl ein uns befriedigendes Facit ziehen. Die Wissenschaft von
der Natur ist rüstig vorgeschritten, und zwar nicht nur zu vereinzelten Zielen, sondern in einem gemeinsamen grossen Zusammenhange; das schon Geleistete mag die Erreichung weiterer
Fortschritte verbürgen. Die Zweifel an der vollen Gesetzmässigkeit
der Natur sind immer mehr zurückgedrängt worden, immer all-
gemeinere und umfassendere Gesetze haben sich enthüllt. Dass
diese Richtung des wissenschaftlichen Strebens eine gesunde ist,
haben namentlich ihre grossen praktischen Folgen deutlich erwiesen; und hier mag es mir erlaubt sein, die von mir speciell
vertretene Wissenschaft besonders hervorzuheben. Gerade in der
Physiologie war die wissenschaftliche Arbeit durch die Zweifel
an der nothwendigen Gesetzlichkeit, das heisst also an der Be-
greiflichkeit der Lebenserscheinungen, von lähmendem Einflusse
gewesen, und derselbe erstreckte sich natürlich auch auf die von
der Physiologie abhängende praktische Wissenschaft, die Medicin.
Beide haben einen seit Jahrtausenden nicht dagewesenen Auf-
schwung gewonnen, seit man mit Ernst und Eifer sich der naturwissenschaftlichen Methode, der genauen Beobachtung der Erscheinungen, dem Versuch zugewendet hat. Ich kann als früherer
praktischer Arzt persönlich davon Zeugniss ablegen. Meine Ausbildung fiel in eine Entwickelungsperiode der Medicin, wo bei
den nachdenkenden und gewissenhaften Köpfen völlige Verzweiflung
herrschte. Dass die alten, überwiegend theoretisirenden Methoden,
die Medicin zu betreiben, gänzlich haltlos waren, war nicht schwer
zu erkennen; mit diesen Theorien aber waren die wirklich ihnen
zu Grunde liegenden Erfahrungsthatsachen so unentwirrbar ver-
strickt, dass auch diese meist über Bord geworfen wurden. Wie
man die Wissenschaft neu aufbauen müsse, war an dem Beispiel

der übrigen Naturwissenschaften wohl klar geworden; aber die neue Aufgabe stand riesengross vor uns; sie zu bewältigen war kaum ein Anfang gemacht, und diese ersten Anfänge waren zum Theil recht grob und ungeschickt. Wir dürfen uns nicht wundern, wenn viele redliche und ernsthaft denkende Männer sich damals in Unbefriedigung von der Medicin abwendeten, oder grundsätzlich sich einem übertriebenen Empirismus ergaben.

Aber die rechte Arbeit brachte auch schneller ihre rechten Früchte, als es von Vielen gehofft wurde. Die Einführung der mechanischen Begriffe in die Lehre von der Circulation und Respiration, das bessere Verständniss der Wärmeerscheinungen, die feiner ausgebildete Physiologie der Nerven ergaben schnell praktische Consequenzen von der grössten Wichtigkeit; die mikroskopische Untersuchung der parasitischen Gewebeformen, die grossartige Entwickelung der pathologischen Anatomie lenkten von nebelhaften Theorien unwiderstehlich auf die Wirklichkeit hin. Hier fand man viel bestimmtere Unterschiede und ein viel deutlicheres Verständniss des Mechanismus der Krankheitsprozesse, als es das Pulszählen, die Harnsedimente und der Fiebertypus der älteren Medicin je gegeben hatten. Darf ich einen Zweig der Medicin nennen, in welchem sich der Einfluss der naturwissenschaftlichen Methode wohl am glänzendsten gezeigt hat, so ist es die Augenheilkunde. Die eigenthümliche Beschaffenheit des Auges begünstigt die Anwendung physikalischer Untersuchungsmethoden, sowohl für die functionellen, wie für die anatomischen Störungen des lebenden Organes. Einfache physikalische Hülfsmittel, Brillen, bald sphärisch, bald cylindrisch, bald prismatisch, genügen heute in vielen Fällen zur Beseitigung von Missständen, die früher das Organ dauernd leistungsunfähig erscheinen liessen; andererseits sind eine grosse Anzahl von Veränderungen, die früher erst zu erkennen waren, nachdem sie unheilbare Blindheit herbeigeführt hatten, jetzt in ihren Anfängen sicher zu entdecken und zu beseitigen. Die Augenheilkunde hat auch wohl deshalb, weil sie der wissenschaftlichen Methode die günstigsten Anhaltspunkte darbietet, besonders viele ausgezeichnete Forscher angezogen und sich schnell zu ihrer jetzigen Stellung entwickelt, in der sie den übrigen Zweigen der Medicin etwa ebenso als leuchtendes Beispiel der Leistungsfähigkeit der echten Methode vorangeht, wie es lange Zeit die Astronomie den übrigen Naturwissenschaften that.

Während in der Erforschung der unorganischen Natur die

verschiedenen Nationen Europas ziemlich gleichmässig vorschritten, gehört die neuere Entwickelung der Physiologie und Medicin vorzugsweise Deutschland an. Ich habe die Hindernisse schon bezeichnet, welche dem Fortschritt in diesen Gebieten früher entgegenstanden. Die Fragen über die Natur des Lebens hängen eng mit psychologischen und ethischen Fragen zusammen. Zunächst handelt es sich freilich auch hier um den unermüdlichen Fleiss, der für ideale Zwecke und ohne nahe Aussicht auf praktischen Nutzen, der reinen Wissenschaft zugewendet werden muss. Und wir dürfen es ja wohl von uns rühmen, dass gerade durch diesen begeisterten und entsagenden Fleiss, der für die innere Befriedigung und nicht für den äusseren Erfolg arbeitet, sich die deutschen Forscher von jeher ausgezeichnet haben.

Aber das Entscheidende war meiner Meinung nach in diesem Falle etwas Anderes, nämlich, dass bei uns eine grössere Furchtlosigkeit vor den Consequenzen der ganzen und vollen Wahrheit herrscht, als anderswo. Auch in England und Frankreich giebt es ausgezeichnete Forscher, welche mit voller Energie in dem rechten Sinne der naturwissenschaftlichen Methode zu arbeiten im Stande wären; aber sie mussten sich bisher fast immer beugen vor gesellschaftlichen und kirchlichen Vorurtheilen, und konnten, wenn sie ihre Ueberzeugung offen aussprechen wollten, dies nur zum Schaden ihres gesellschaftlichen Einflusses und ihrer Wirksamkeit thun.

Deutschland ist kühner vorgegangen; es hat das Vertrauen gehabt, welches noch nie getäuscht worden ist, dass die vollerkannte Wahrheit auch die Heilmittel mit sich führt gegen die Gefahren und Nachtheile, welche halbes Erkennen der Wahrheit hier und da zur Folge haben mag. Ein arbeitsfrohes, mässiges, sittenstrenges Volk darf solche Kühnheit üben, es darf der Wahrheit voll in das Antlitz zu schauen suchen; es geht nicht zu Grunde an der Aufstellung einiger voreiligen und einseitigen Theorien, wenn diese auch die Grundlagen der Sittlichkeit und der Gesellschaft anzutasten scheinen.

Wir stehen hier nahe an den Südgrenzen des deutschen Vaterlandes. In der Wissenschaft brauchen wir ja wohl nicht nach politischen Grenzen zu fragen, sondern da reicht unser Vaterland so weit, als die deutsche Zunge klingt, als deutscher Fleiss und deutsche Unerschrockenheit im Ringen nach Wahrheit Anklang finden. Und dass sie hier Anklang finden, haben wir aus der gastlichen Aufnahme und aus den begeisterten Worten, mit denen

wir begrüsst wurden, erkennen können. Eine junge medicinische
Facultät wird hier gebildet. Wir wollen ihr den Wunsch auf
ihren Lebensweg mitgeben, dass sie sich kräftig entwickeln möge
in diesen Cardinaltugenden deutscher Wissenschaft; dann wird sie
die Heilmittel nicht nur für körperliche Leiden zu finden wissen;
dann wird sie ein belebendes Centrum sein für die Stärkung der
geistigen Selbständigkeit, Ueberzeugungstreue und Wahrheitsliebe;
ein Centrum auch zur Stärkung des Gefühls für den Zusammenhang mit dem grossen Vaterlande.

GPSR Compliance
The European Union's (EU) General Product Safety Regulation (GPSR) is a set
of rules that requires consumer products to be safe and our obligations to
ensure this.

If you have any concerns about our products, you can contact us on

ProductSafety@springernature.com

In case Publisher is established outside the EU, the EU authorized
representative is:

Springer Nature Customer Service Center GmbH
Europaplatz 3
69115 Heidelberg, Germany